Naiara Sampaio
Domingos L. dos S. Silva
Gonçalo M. da Conceição

TORRENACEAE di Kunth ex DC

**Naiara Sampaio
Domingos L. dos S. Silva
Gonçalo M. da Conceição**

TORRENACEAE di Kunth ex DC

This book is a translation from the original published under ISBN 978-3-330-74690-9.

Publisher:
Sciencia Scripts
is a trademark of
Dodo Books Indian Ocean Ltd. and OmniScriptum S.R.L publishing group

120 High Road, East Finchley, London, N2 9ED, United Kingdom
Str. Armeneasca 28/1, office 1, Chisinau MD-2012, Republic of Moldova, Europe
Printed at: see last page
ISBN: 978-620-8-08410-3

RICONOSCIMENTI

Infine, un'altra tappa si sta concludendo e così ne iniziano di nuove, in un ciclo pieno di benefici e miglioramenti acquisiti lungo un viaggio pieno di situazioni, sia tristi che felici, che abbiamo attraversato e, soprattutto, abbiamo incontrato persone che sono state importanti nella nostra vita e che, in un modo o nell'altro, non potevano non essere menzionate nella mia traiettoria di successi.

Sono infinitamente grata al mio padre onnipotente, creatore del cielo e della terra, al nostro **Dio** padrone, che mi ha dato l'opportunità di crescere e realizzarmi all'università e in tutto ciò che mi è stato possibile in questa fase della laurea. Grazie, Padre, per il tuo amore incondizionato e per avermi fatto maturare e crescere nelle mie idee e nel mio scopo nella vita insieme ai miei amici. In questo periodo ho imparato a vedere la vita come un puzzle, e che in ogni pezzo c'è una realizzazione.

Al dottor **Gonçalo Mendes da Conceição**, mio insegnante, amico, padre, fratello e infine mio consulente, per la sua fiducia e la sua enorme pazienza, per avermi trasmesso le sue conoscenze dal momento in cui sono entrato nel laboratorio di Biologia vegetale del CESC/UEMA, facendomi crescere intellettualmente e migliorando le mie conoscenze. Grazie di cuore, professore, per le opportunità che mi ha dato nella mia carriera professionale e mille scuse per gli errori che ho commesso, senza di lei non sarei dove sono ora. Non posso inoltre dimenticare la sua famiglia (moglie, figli, nipoti e persino generi e nuore), per la loro enorme comprensione in sua assenza e per il fatto che alcuni di loro l'hanno accompagnata all'università in modo che potesse sostenere i suoi studenti. Grazie di cuore a tutti voi!

Vorrei ringraziare i miei genitori **Luiz Machado Sampaio e Natal de Maria Assunção Sampaio**, che insieme sono stati fondamentali per la mia laurea, perché grazie a loro ho iniziato questa fase e non ho dovuto interrompere i miei studi in nessun momento, e mi hanno trasmesso la loro migliore eredità e caratteristica: l'educazione. Grazie mamma per essere stata la madre di mio figlio quando ero lontana da lui, grazie a mia madre ho potuto partecipare agli eventi e ai congressi che si tenevano durante l'università, e grazie papà per avermi guidato nelle mie scelte, devo solo dirti che sei la mia ragione di vita, TI AMO.

Sarebbe impossibile non ringraziare mio marito **Laerte de Almada Sá**, perché so di essere stata una spina nel fianco durante la mia formazione, eppure è rimasto al mio fianco e mi ha sopportato per tutta la mia carriera professionale. Ho potuto crescere nella stesura della mia monografia grazie al suo grande amore e al suo affetto. È stato fondamentale per lo sviluppo e la conclusione di questo studio grazie alla sua comprensione e alla sua enorme pazienza. Grazie di cuore per essere entrato nella mia vita. E a mio figlio **Kayllon Sampaio Sá,** perché anche con la sua innocenza mi ha dato la forza di andare avanti e l'affetto per crescere, ti amo incondizionatamente bambino mio.

Ai miei fratelli **Clairton Assunção Sampaio e Laide Assunção Sampaio e alle** mie sorellastre **Gleice de Castro Assunção e Emilly Rayane Assunção Silva**, per avermi dato forza e aiutato nella mia formazione e per aver fatto parte della mia vita, grazie di tutto, ho imparato molto da voi.

A tutti i miei familiari e amici, che anche se a volte erano lontani o assenti, mi hanno augurato di riuscire in questo lungo viaggio, in particolare le mie zie **Edna Maria, Maria de Conceição e Rozana Ferreira** e la mia amica e sorella **Aline Gomes, i** miei cognati **Layo de Almada, Laylson de Almada, Fabrícia de Almada e Daniele de Almada,** e i miei suoceri **Pedro Gomes e Lucilene Sá.** Senza di voi nella mia vita, non sarei arrivata alla fine della stesura di questo progetto finale, grazie per aver fatto parte della mia vita.

Durante la stesura delle descrizioni delle specie di Turneraceae, desidero ringraziare la collaborazione dei professori **Me. Eduardo Silva Oliveira e Me. Lamarck do Nascimento Galdino da Rocha,** per tutto il loro aiuto e la loro assistenza, grazie per tutti i loro insegnamenti.

Durante il periodo universitario, vorrei ringraziare i miei amici del corso di laurea 2010.1, **Juliete Lima, Cintia Fernandes, Lucianna Lima, Francisca Natália, Ricardo Oliveira, Maria dos Remédios, Stênio Raniery, Rosa Cristina, Maxcilene da Silva, Silmara Gomes, Cleyton Ferreira, Milane Oliveira, Gracyone Silva, Carmem Célia, Domingos Lucas, Liliane Torres e Larissa Fernandes**, che hanno condiviso con me momenti speciali durante tutto il periodo trascorso alla UEMA.

Ai miei amici di laboratorio **Daniele Souza, Paula Regina, Filipe Bezerra, Domingos Lucas, Débora Andrade, Dailma Medeiros, Ingrid Abreu, Lucianna Lima, Silmara Gomes, Werton Nobre, Adriana Oliveira, Cleyton Ferreira, Maycon Adams, Maria da Conceição, Gizele Brito, Cristhian Franco, Guilherme Silva e Jadson Lima,** perché il tempo trascorso insieme mi ha fatto acquisire conoscenze arricchenti per il mio apprendimento. Tra i membri del LABIVE, vorrei ringraziare in particolare **Débora, Adriana, Daniele Lucas e Maycon** per tutto l'aiuto che mi hanno dato nella raccolta e nell'erboristeria del materiale botanico. Oltre che amici, siete stati fratelli e sorelle e mi avete aiutato nei momenti difficili della stesura della monografia.

Francisco de Paula Athayde Filho, il mio supervisore del tirocinio a breve termine, per il suo enorme aiuto nella tassonomia, anche se il tirocinio era in Crittogame, ha collaborato molto nella realizzazione di questa ricerca, anche se non ha seguito la ricerca in Pteridofite, ma è stato di enorme aiuto nel lavoro sul campo, nella descrizione e nell'identificazione delle specie di Turneraceae. Ai miei amici di stage presso il Laboratorio di Crittogame dell'UNEMAT (Nova Xavantina/MT), il professor **Carlos Kreutz** e gli studenti **Josiene, Sandra, César e Miquéia**, per essere stati importanti nell'aiutarmi con il mio stage e aver reso le mie giornate più divertenti e felici.

L'**Università Statale del Maranhão** per la mia formazione accademica e a tutto il personale, in particolare **Seu Raimundo, Tia Jura, Tia Antônia, Cleyton, André** e **Gil**, dove sono stati presenti durante il mio periodo alla UEMA e durante la mia ricerca accademica.

E a tutti i miei insegnanti di Scienze Biologiche, che hanno fatto parte della mia formazione e hanno facilitato il mio apprendimento, rendendomi un professionista migliore. Vorrei anche ringraziare la commissione d'esame per aver accettato di condividere questo momento così speciale della mia vita.

Vorrei ringraziare la Fondazione per la Ricerca e lo Sviluppo Scientifico del Maranhão - **FAPEMA,** per tutti i finanziamenti ricevuti, in particolare per il tirocinio a breve termine nelle crittogame, che mi ha aiutato molto con la tassonomia.

E perché non menzionare le persone amichevoli e ospitali che hanno reso le collezioni botaniche più piacevoli e con il gusto di tornare di nuovo, sono eternamente grata ai residenti dell'**Insediamento Buriti do Meio**, in particolare **Tia Helena e Seu Matias, Geraldo e Francisco de Assis,** per la loro sistemazione, l'accompagnamento e l'aiuto con le collezioni.

E a tutti coloro che hanno contribuito in un modo o nell'altro alla realizzazione di questo sogno, e anche a te, **lettore**, grazie di cuore!!!

Naiara Assunção Sampaio

PRESENTAZIONE

Il libro tratta gli aspetti tassonomici delle specie di Turneraceae presenti in un frammento di Cerrado nel comune di Caxias, Maranhão, Brasile. Vengono presentati l'elenco delle specie, la chiave di identificazione e la descrizione delle sette specie di Turneraceae presenti nella regione, la distribuzione geografica, il nome comune, il materiale esaminato e i principali aspetti morfologici per l'identificazione delle specie.

Trattandosi di una famiglia botanica di grande importanza economica e ambientale, e poiché il libro presenta nuove informazioni su questo gruppo di piante, si ritiene che quest'opera sia utile a tutti coloro che sono interessati alla conoscenza, all'utilizzo e alla conservazione della biodiversità delle aree del Cerrado brasiliano.

Si consiglia pertanto di leggere e utilizzare le informazioni contenute in questo libro dedicato a una delle famiglie della flora brasiliana.

Gli autori

1. INTRODUZIONE

La tassonomia e la sistematica vegetale si occupano della necessità di comprendere l'identificazione degli elementi biologici e di spiegare l'origine delle specie, dove l'obiettivo è studiare la diversità degli organismi botanici, organizzando le loro caratteristiche morfologiche interne e/o esterne, comprendendo così l'identificazione delle specie (CRONQUIST, 1988; WEBERLING; SCHWANTES, 1986).

L'identificazione tassonomica o sistematica indica la determinazione di un taxon come identico/simile a un altro già esistente e può essere utilizzata per confermarlo. Ciò può essere fatto attraverso il confronto con materiale d'erbario debitamente identificato, con l'uso di chiavi di identificazione dicotomiche e con la letteratura specifica, che durante l'identificazione degli esemplari può descrivere nuovi taxa per la scienza, come raccomandato dal Codice Internazionale di Nomenclatura Botanica - CINB (SUBRAHMANYAM, 1995).

Anche l'identificazione botanica e la morfologia delle piante sono fondamentali per la conoscenza tassonomica, ma la tassonomia non richiede solo caratteristiche morfologiche, ma si basa anche su altre aree come l'anatomia e la genetica (HARLOW et al., 1991).

Grazie alla sua diversità climatica, il Brasile presenta un'ampia gamma di specie floreali distribuite sul suo vasto territorio, ed è noto che molte di queste specie vegetali non sono ancora state scoperte o devono essere identificate (KAMPF, 2000; MARX, 2004).

Le Turneraceae Kunth ex DC. contano circa 12 generi e 226 specie, distribuite in tutte le regioni tropicali e subtropicali del mondo, con l'America e l'Africa come centro di diversità (ARBO, 2014; THULIN et al., 2012). In Brasile si contano circa 156 specie e due generi, *Turnera* e *Piriqueta*, tuttavia *Turnera* è la più rappresentativa, con circa 119 specie, seguita da *Piriqueta* con 37 specie, entrambe presenti in ambienti tipici del cerrado e delle praterie rupestri (ARBO, 2014); tra queste, 16 specie sono referenziate per il Maranhão dalla Lista da Flora do Brasil (2017).

La famiglia delle Turneraceae comprende arbusti, subarbusti ed erbe con foglie alterne, semplici, intere o lobate, con ghiandole sul picciolo o alla base della lamina; con stipole piccole o assenti; fiori androgini, regolari e attinomorfi, caratterizzati da cinque sepali inseriti nel calice, decidui e generalmente parzialmente uniti, che formano un tubo campanulato o cilindrico; gli stami sono liberi, i fiori hanno un ovario superno, uniloculare o tricarpellare; i frutti sono capsulati, globosi (BRITO FILHO, 2011).

Come indicato nel lavoro di Mendonça et al. (2007), intitolato Flora vascolare del bioma cerrado, sono stati registrati in totale 6.671 *taxa* autoctoni, distribuiti in 170 famiglie e 1.144 generi. Tra queste famiglie, le Turneraceae sono rappresentate da due generi, *Piriqueta* Aubl. con 25 specie e *Turnera* L. con 21 specie, per un totale di 46 specie. Nel lavoro di Nascimento; Conceição (2011), la specie *Turnera ulmifolia* L. è indicata per scopi terapeutici come calcoli renali, fegato, con la radice utilizzata come parte della pianta e decotto o infuso come forma di preparazione.

Gli studi sulle Turneraceae nel Maranhão sono ancora scarsi, con solo due specie catalogate, nel lavoro di Conceição et al. (2012) intitolato "Florula fanerogâmica da Área de Proteção Ambiental Municipal do Inhamum, Caxias/MA, Brasil" In:

Biodiversidade na Área de Proteção Ambiental do Inhamum, vengono citate le specie del genere *Turnera - Turnera* sp. e *Turnera ulmifolia* L. Quest'ultima è stata trovata anche nella comunità di Olho d'água do Raposo, nello stesso comune, da Nascimento; Conceição (2011).

Il Maranhão ha una flora diversificata, che rende importante lo studio della tassonomia vegetale, favorendo le aree di apprendimento, come scienza fondamentale in grado di sovvenzionare le conoscenze applicate in botanica. Questo studio pionieristico sulla famiglia delle Turneraceae permette di dare una panoramica tassonomica a questa famiglia cosmopolita, con il genere *Turnera* che è il più rappresentativo dei due presenti in Brasile. Questo stesso genere è molto importante nell'economia brasiliana, in quanto viene utilizzato per scopi ornamentali e medicinali.

Le specie di Turneraceae nel Maranhão necessitano ancora di ulteriori studi per conoscere e determinare le specie principali per l'area in esame, nonché per contribuire a fornire dati per lo Stato. È quindi necessario condurre studi e ricerche per conoscere meglio le specie di Turneraceae presenti nel comune di Caxias e, di conseguenza, ampliare le conoscenze tassonomiche di questa importante famiglia per il Maranhão.

1.1 TASSONOMIA

Lo standard internazionale ANSI/NISO (2005) definisce una tassonomia come un vocabolario costituito dai termini preferiti dall'organizzazione, o una raccolta di termini linguistici raggruppati gerarchicamente per facilitarne l'identificazione.

La preoccupazione di stabilire i diversi gruppi di organismi è un sistema di classificazione ancora molto antico, che risale alle civiltà precristiane e pre-aristoteliche, con Luca Ghini, Césalpin e i fratelli Bauhin, da cui ha avuto inizio la sistematica scientifica delle piante, ma è solo alla fine del XVII secolo e all'inizio del XVIII che si è cercato di sviluppare un metodo per descrivere e classificare le piante (SAMPAIO, 2006).

Sampaio (2006) sottolinea che secondo la classificazione tassonomica utilizzata da John Ray nel 1692, il criterio di classificazione non era più il tipo di habitat dell'organismo, ma la somiglianza dei suoi organi riproduttivi. Fu solo Linneo (1707-1788) a fondare la moderna sistematica e tassonomia delle piante. Nel 1737 introdusse un sistema di classificazione basato sui caratteri delle strutture riproduttive, creando una gerarchia di cinque categorie tassonomiche.

Le regole di classificazione della tassonomia vegetale hanno aperto le porte a un nuovo periodo, in relazione agli studi filogenetici e alla loro correlazione dei caratteri morfologici, evolvendo le piante. Queste regole si basano sull'identificazione di tutte le specie della flora, raggruppandole per somiglianza morfologica e per clade genetico, che si caratterizza per consentire una strutturazione secondo i principi della parentela botanica (BRASIL, 2009).

1.2 LA FAMIGLIA TURNERACEAE Kunth ex DC.

L'elenco della flora del Brasile 2020 registra la presenza di due generi della famiglia delle Turneraceae: *Piriqueta* e *Turnera*.

Quest'ultimo genere è il più rappresentativo di questa famiglia. Secondo Brito Filho (2011), questi generi si trovano nei Campi Rupestri e nel Cerrado.

Alcuni studi floristici e tassonomici hanno contribuito alla sistematica delle Turneraceae, tra cui i lavori di Arbo (1995, 1997, 2000, 2005, 2008); Batista (2005); Camargo; Vilegas (2008); Rocha et al. (2012); Urban (1883). La monografia di Urban (1883), ad esempio, descrive 54 specie del genere *Turnera* distribuite in nove serie: *Salicifoliae, Stenodictyae, Anomalae, Leiocarpae, Annulares, Papilliferae, Microphyllae, Capitatae* e *Turnera*. Seguendo questa divisione, Arbo (2008) ha indicato anche altre due serie, *Conciliatae* e *Sessilifoliae*.

Stevens (2001) propone che le famiglie delle Turneraceae e delle Malesherbiaceae siano legate al clade delle Passifloraceae *sensu lato*, con cui condividono diversi caratteri comuni, tra cui Zamberlan (2007) evidenzia la presenza di glicosidi cianogenici, ghiandole fogliari ed eredità plastidiale per alcune specie, che formano un gruppo parafiletico nelle Malpighiales, secondo l'Angiosperm Phylogeny Group III (APG III, 2009).

La famiglia ha un'importanza medicinale e veniva utilizzata in Messico e a Cuba, dove gli indiani usavano l'estratto acquoso dell'intera pianta di *Turnera diffusa* come espettorante, diuretico, afrodisiaco e nel trattamento di spermatorrea, otite e nefrite. Questo probabilmente perché la famiglia delle Turneraceae contiene acidi grassi, flavonoidi e alcaloidi (ANTÔNIO, 1996; BRITO FILHO, 2011).

1.2.1 CLASSIFICAZIONE TASSONOMICA

Regno delle piante

Divisione Magnoliophyta

Classe Magnoliopsida

Ordine Malpighiales

Famiglia Turneraceae

1.3 IL GENERE *Turnera* L.

Le specie di *Turnera* sono erbacee e arbustive, con foglie semplici, con o senza stipole e talvolta ridotte a collettine, con margini seghettati e reticolati, spesso con ghiandole nettarifere e tricomi, con un pedicello attaccato totalmente o parzialmente al picciolo; i fiori sono eterostili o omostili, con un pedicello non sviluppato, e una corolla con petali bianchi, gialli o arancioni, che possono essere maculati o meno alla base;i filamenti staminali sono attaccati alla base del calice; l'ovario può variare da ovoidale a globoso, con stipi filiformi, stimmi fimbriati o ramificati; il frutto è una capsula verrucosa, liscia, tomentosa, pubescente o puberulenta; i semi sono reticolati, glabri o papillosi, con un arillo unilaterale o avvolgente (ROCHA et al., 2012).

Secondo Neffa; Fernández (2000), il genere *Turnera* è uno dei più importanti in Brasile e le sue specie si trovano comunemente nei campi aperti e lungo i bordi delle strade. Alcune specie del genere *Turnera* sono utilizzate per scopi medicinali, come dimostrano gli studi di Antônio (1996); Antônio; Souza (1998); Barbosa et al. (2007) e Nascimento; Conceição (2011).

1.3.1 distribuzione geografica del genere *turnera* in brasile

Il genere *Turnera* in Brasile conta circa 119 specie, distribuite in tutte le regioni brasiliane (Nord, Nord-Est, Sud, Sud-Est e Centro-Ovest), con il maggior numero di presenze nel dominio fitogeografico del Cerrado (72 specie), Caatinga (34), Foresta Atlantica (33), Amazzonia (28), Pantanal (06) e Pampa (1), secondo l'elenco delle specie della Flora del Brasile 2020 (Figura 1).

Figura 1. Area di presenza del genere *Turnera* e numero di specie per Stato.

1.4 IL GENERE *Piriqueta* Aulb.

Le specie di *Piriqueta* hanno un portamento sub-arbustivo o erbaceo perenne; raramente annuale; poco ramificato; i tricomi sono ghiandolari setiformi con basi dilatate e/o semplici rilevatori stellati; le loro foglie non hanno stipole; i nettari sono assenti; hanno infiorescenze uniflore, ascellari, cimose o riunite in racemi terminali; hanno un peduncolo sviluppato, di solito privo di brattee e bracteole;

i fiori possono essere omostili o eterostili con pedicello sviluppato; la corolla varia dal bianco, giallo, salmone al rosa, con petali obovati, corona membranacea fimbriata, inserita alla base della lamina petalica e sotto i sepali; l'ovario è tomentoso; stipi filiformi; stimmi fimbriati; hanno capsule strigose, lisce o verrucose; semi obovoidi, arillo unilaterale (ROCHA et al., 2012).

Secondo Silva et al. (2013), il genere *Piriqueta* è composto da specie distiche. Rocha et al. (2012) sottolineano che questa specie è presente in ambienti aperti, soprattutto in luoghi disturbati dall'azione antropica. Studi su questo genere si trovano nei lavori di Arbo (1995) e Silva et al. (2013).

1.4.1 DISTRIBUZIONE GEOGRAFICA DEL GENERE *Piriqueta* IN BRASILE

Secondo l'elenco delle specie della Flora del Brasile 2020, il genere Piriqueta è ampiamente distribuito in tutte le regioni del Brasile (Nord, Nord-Est, Centro-Ovest, Sud-Est, Sud), nonché in tutti i domini fitogeografici del Paese (Amazzonia, Caatinga, Cerrado, Foresta Atlantica, Pampa e Pantanal) (Figura 2).

Figura 2. Presenza del genere *Piríqueta* e numero di specie per Stato.

2. AREA DI PROTEZIONE AMBIENTALE DI BURITI DO MEIO

L'Area di Protezione Ambientale (APA) di Buriti do Meio si trova nel comune di Caxias/MA, istituita con la legge 1.540/2004 del 25 marzo 2004, nel Progetto di Insediamento di Buriti do Meio e Santa Rosa, parte del 2° Distretto di Caxias/MA. Ha una superficie di 58.347,30 ettari, a circa 35 km dal perimetro urbano, con coordinate geografiche -04° 54' 48,1" di latitudine Sud e -043° 06' 49,2" di longitudine Ovest (Figura 3). La vegetazione che compone l'APA è prevalentemente Cerrado, ma sono presenti anche foreste ripariali o gallerie lungo i corsi d'acqua, i laghi e le sorgenti. L'idrologia dell'area è caratterizzata principalmente dai torrenti Buriti do Meio e Riachão (Figura 4) (BRASIL, 2006).

Fig. 3 Mappa dell'Area di Protezione Ambientale di Buriti do Meio.

Fonte: Google Earth Pro 2016; ArcGis 9.3. Organizzazione: SILVA, W. F. N. 2016.

Carta idrografica e ubicazione dell'APA comunale di Buriti do Meio, Caxias - MA,

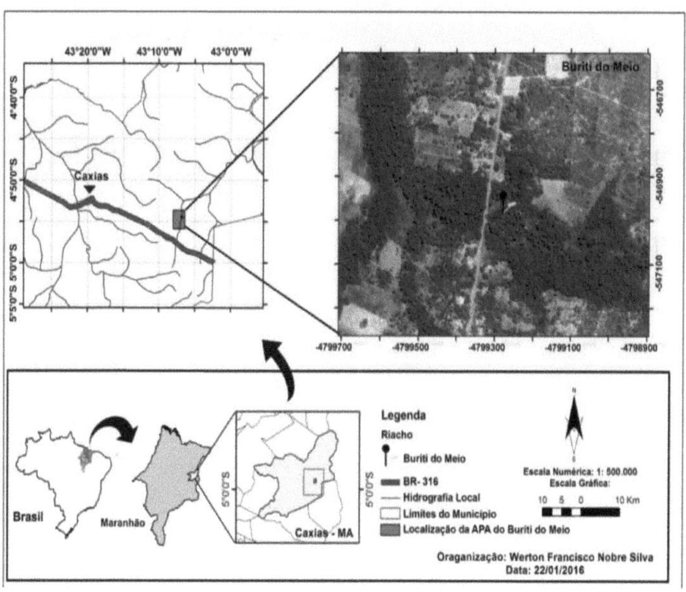

Fig. 4 (A, B, C e D) - Vista generale dell'area di studio nell'APA Buriti do Meio, Caxias/MA. Foto: SAMPAIO, N. A.

3. RACCOLTA E ERBORAZIONE DI MATERIALE BOTANICO

Sono stati raccolti 3-5 campioni di ogni specie, quando possibile, nel periodo riproduttivo (con fiori, frutti e/o boccioli fiorali) per facilitare l'identificazione e la descrizione dei caratteri morfologici. Gli esemplari sono stati raccolti ai bordi delle strade, negli ambienti aperti e nei sentieri all'interno della vegetazione, con passeggiate casuali intorno all'area di studio ogni quindici giorni (Figura 5).

Gli esemplari raccolti sono stati fotografati e posti in presse di legno intervallate da giornali e cartoni, mentre erano ancora sul campo. Dopo la pressatura, il materiale botanico è stato portato nel Laboratorio di Biologia Vegetale (LABIVE) del Centro di Istruzione Superiore di Caxias dell'Università Statale del Maranhão (CESC/UEMA) per essere essiccato a temperatura ambiente. Dopo l'essiccazione del materiale botanico, gli exsiccates sono stati preparati utilizzando carta di legno e carta 40 nelle dimensioni standard dell'Erbario del Prof. Aluízio Bittencourt (HABIT) e debitamente etichettati (Figura 5 A e B).

4. TASSONOMIA E IDENTIFICAZIONE DEL MATERIALE BOTANICO

Al termine della procedura di erborazione botanica, ogni campione raccolto è stato studiato con un microscopio Stemi DV4 Carl Zeiss per descrivere gli esemplari dopo averne analizzato le caratteristiche morfologiche, quali: forma, consistenza, pelosità e colore del fusto; lunghezza, forma, margine e presenza di ghiandole sulle stipole; forma, fillotassi, lunghezza, larghezza, apice, base, margine delle foglie; lunghezza e pelosità del peduncolo; forma, lunghezza, larghezza, colore, margine, pelosità, presenza di ghiandole sui sepali; forma, lunghezza, numero di ghiandole, pelosità e margine dei petali; tipo, forma, lunghezza e larghezza del frutto; forma, lunghezza, pelosità dei semi; presenza di ghiandole che definiscono quale struttura è presente, colorazione del calice e della corolla, tra le altre caratteristiche, con l'obiettivo di sviluppare una chiave tassonomica che identifichi meglio le specie inventariate, dando priorità a caratteristiche più specifiche per ciascuna specie.

L'identificazione tassonomica è stata effettuata presso il Laboratorio di Biologia Vegetale - CESC/UEMA, ricorrendo alla letteratura specializzata e/o per confronto, utilizzando gli exsiccata conservati presso HABIT e le opere revisionate sulla famiglia come Arbo (1995, 2005) e Rocha et al. (2012). Le informazioni sulla distribuzione geografica e sugli aspetti ecologici della specie sono state ottenute consultando le opere raccolte nella Lista de Espécies da Flora do Brasil (2016), Arbo (1995, 2005) e Rocha et al. (2012).

Tuttavia, ai fini di questa ricerca abbiamo scelto di utilizzare la classificazione di Cronquist (1981), dove il clade delle Turneraceae *sensu stricto* forma una famiglia isolata dalle Passifloraceae e dalle Malesherbiaceae.

Per confermare l'identificazione degli esemplari, i duplicati degli esemplari raccolti sono stati inviati a un tassonomista specializzato nella famiglia delle Turneraceae per l'identificazione a livello specifico. Una volta identificati, gli esemplari sono stati debitamente organizzati nel LABIVE, per servire sia come materiale di testimonianza per le banche dati sia come supporto per future ricerche (Figura 5 C e D).

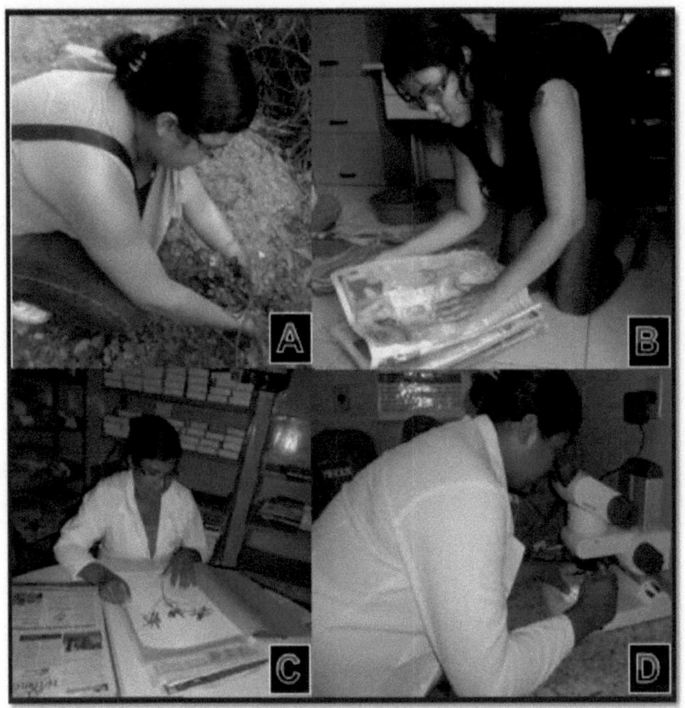

Fig. 5- A- Raccolta di materiale botanico; B- Pressatura botanica; C- Esiccato botanico; D- Identificazione del materiale botanico. Foto: SOUSA, D. A.

5. TURNERACEAE Juss. DA APA-BURITI DO MEIO

Nell'APA Buriti do Meio sono stati identificati due generi (*Turnera* e *Piriqueta*) con sette specie. Il genere *Turnera* conta cinque specie, *Turnera coerulea*, *T. melochioides*, *T. pumilea*, *T. scabra* e *T. subulata*, mentre il genere *Piriqueta* conta due specie, *Piriqueta duarteana* e *P. guianensis*. Queste specie di Turneraceae sono state trovate in ambienti aperti, lungo i bordi delle strade e sui sentieri all'interno della vegetazione, tutte con abitudini erbacee e/o subarbustive (tabella 1).

Tabella 1- Elenco delle specie di Turneraceae raccolte nell'APA Buriti do Meio, comune di Caxias/MA.

Genere	Specie	Abitudine	Ambiente
Piriqueta	*Piriqueta duarteana* (Cambess.) Urb.	Erbe/ Subarchi	Ambiente aperto/Ciglio della strada e sentieri all'interno della vegetazione
	Piriqueta guianensis N.E.Br.	Erbe	Ambiente aperto
Turnera	*Turnera coerulea* DC.	Erbe/ Subarchi	Margini stradali e sentieri all'interno della vegetazione
	Turnera melochioides Cambess.	Erbe	Margini stradali e sentieri all'interno della vegetazione
	Turnera pumilea L.	Erbe/ Subarchi	Ambiente aperto/Ciglio della strada e sentieri all'interno della vegetazione
	Turnera scabra Millsp.	Erbe	Ambiente aperto
	Turnera subulata Sm.	Erbe/ Subarchi	Ambiente aperto/Ciglio della strada e sentieri all'interno della vegetazione

Fonte: Dati della ricerca.

Rispetto al lavoro di Conceição et al. (2012), per l'APA Inhamum, comune di Caxias/MA, è stato registrato solo il genere *Turnera*, con un solo esemplare identificato a livello di specie e uno a livello di genere, e nel lavoro di Nascimento; Conceição (2011), per la comunità di Olho d'água do Raposo Quilombola, nel comune di Caxias/MA, è stata registrata una sola specie, mostrando una maggiore ricchezza specifica per l'APA Buriti do Meio rispetto allo studio condotto nell'APA Inhamum e nella comunità di Olho d'água do Raposo.

Sebbene solo le specie *P. duarteana* (Figura 5), *P. guianensis* (Figura 6), *T. coerulea* (Figura 7), *T. melochioides* (Figura 8), *T. pumilea* (Figura 9), *T. scabra* (Figura 10) e *T. subulata* (Figura 11) *siano state* raccolte per l'APA Buriti do Meio, questo studio è rilevante perché presenta nuovi record della famiglia per il comune di Caxias e una specie considerata una nuova presenza per il Maranhão, *Piriqueta guianensis*.

Secondo la distribuzione geografica riportata nella Tabella 2, vi è una predominanza di specie presenti nella regione del Nord-Est, prevalentemente negli Stati di Bahia, Ceará, Pernambuco e Piauí. Per quanto riguarda il Maranhão, la specie *Piriqueta guianensis*, basata sulla Lista della flora brasiliana (2017), è un nuovo record per lo Stato.

Secondo Rocha et al. (2012), le specie di Turneraceae si trovano di preferenza in ambienti aperti e nella vegetazione di Caatinga e Restinga, mentre il presente studio mostra la loro presenza nella tipica vegetazione del Cerrado, ma questo potrebbe essere associato in entrambi gli studi alla presenza in ambienti disturbati dall'azione antropica.

Questo conferma anche Arbo; Mazza (2011), poiché le specie di Turneraceae possono essere distribuite nel cerrado, nelle praterie rupestri e nella caatinga.

Oltre al fatto che le specie di Turneraceae mostrano un'ampia distribuzione geografica nel Nordest, si può notare che il genere *Turnera* è utilizzato dalla popolazione locale in modo molto importante nell'economia brasiliana, in quanto viene usato sia per scopi ornamentali che medicinali. Le foglie di *Turnera subulata,* ad esempio, sono utilizzate nella medicina popolare contro l'amenorrea e sono anche usate per trattare i tumori sotto forma di infusi (ARBO, 2005; BARBOSA et al., 2007).

Tabella 2- Elenco della distribuzione geografica della famiglia Turneraceae nell'APA Buriti do Meio, comune di Caxias/MA.

SPECIE	DISTRIBUZIONE GEOGRAFICA	Nord-Nord-Est	Centro-Sud-ovest
Piriqueta duarteo	PA, TO AL, BA, CE, GO, MTMG	MA, PE, PI, RN, SE	
Piriqueta guianensis	RRAL	, BA CE, PB, PE, PI, RN, SE	, ----
Turnera coerulea	AM, AP PA, RR, TO	, BA, CE, MA, PE, PI, SE	GO, MS, MT
Turnera melochioides	AM, AP, AL, BA, CE, GO, MS, PA, RO	, TOMA, PB, PE, PI, RN, SE	MT

Turnera pumilea	*PA*, RR, TO	BA, CE, MA, PB, PE, PI, RN, SE	GO, MS, MT	MG, RJ
Turnera scabra	AC, AM, AP, PA, RR	AL, BA, CE, MA, PE, PI, RN	-----	ES
Turnera subulata	AM, AP, PA, RO, TO	AL, BA, CE, MA, PB, PE, PI, RN, SE	DF, GO, MS, MT	ES, MG, RJ, SP

Fonte: Elenco della flora del Brasile, 2017.

Dopo aver redatto la chiave di identificazione tassonomica e diagnosticato ogni specie raccolta nell'area di studio, è stato possibile notare che la caratteristica principale per l'identificazione delle specie era il colore dei petali, che per il genere *Piriqueta* variava dal salmone al rosa, mentre per il genere *Turnera* andava dal bianco al giallo, insieme al colore della base. Nella differenziazione dei generi, la presenza o l'assenza di ghiandole è stata notevole, come mostrato nella Tabella 3.

Sampaio (2006) sottolinea l'importanza della tassonomia delle specie, basata sulle caratteristiche dei fiori, in particolare della corolla, come fattore di categorizzazione delle piante, come utilizzato da Tournefort (1656-1708).

Tabella 3_ Elenco delle principali caratteristiche morfologiche utilizzate per identificare le specie di Turneraceae raccolte nell'APA Buriti do Meio.

Specie	Tipi di fiori	Colorazione dei petali	Colore della base dei petali	Stipulas	Ghiandole
P. duarteana	Eterostile	Salmone, Arancia	Giallo o con striature arancioni scure	Assente	Assenza di ghiandole
P. guianensis	Eterostile	Rosa	Giallo	Assente	Assenza di ghiandole
T. coerulea	Eterostile	Giallo	Giallo scuro	Ridotti a coleotteri	Bigland
T. melochioides	Eterostile	Giallo	Giallo	Poco appariscen	Bigland
T. pumilea	Omostila	Bianco	Giallo con leggere striature violacee	Assente	Bigland
T. subulata	Eterostile	Giallo, bianco	Nero bluastro	Filiformi, Ridotti a colesterolo	Bigland
T. scabra	Eterostile	Giallo	Giallo scuro	Ridotti a coleotteri	Bigland

Fonte: Dati della ricerca.

6. CHIAVE PER L'IDENTIFICAZIONE DI GENERI E SPECIE DELLA FAMIGLIA DELLE TURNERACEE PER L'AREA DI PROTEZIONE AMBIENTALE DI BURITI DO MEIO, CAXIAS/MA.

5. Assenza di ghiandole sul picciolo, corolla di colore da salmone a rosa.
Piriqueta (2)
   5.1 Presenza di ghiandole sul picciolo, corolla da bianca a gialla
    Turnera (3)
6. Foglie con margine crenato .... *Piriqueta duarteana*
   6.1 Foglie con margine ondulato .... *Piriqueta guianensis*
7. Fiori omostili..
Turnerapumilea
   7.1 ' ....Fiori eterostili4
8. Petali gialli con base bluastra
.... *Turnerasubulata*
   8.1 ' Petali gialli con base giallo scuro 5   *9.* consistenza membranacea...
Turneracoerulea
   5.1'   Consistenza
.... papyraceae
,,,,,6
10. Rami irsuti, lamina fogliare ellittica ....*Turnera melochioides*
   6,1' Rami tomentosi, lamina fogliare ovale

....

.... *Turnerascabra*

7. DESCRIZIONE DI SPECIE DELLA FAMIGLIA DELLE TURNERACEE PER L'AREA DI PROTEZIONE AMBIENTALE DI BURITI DO MEIO, CAXIAS/MA.

7.1- *Piriqueta duarteana* (Cambess.) Urb. Jahrb. Konigl. Bot. Gart. Berlino 2: 66. 1883

Fig.6- *Piriqueta duarteana*. Foto: SAMPAIO, N. A.

Erba/sotto arbusto con rami tomentosi e decombenti, fusto cilindrico e ramificato di colore peloso verdastro con tricomi semplici e ghiandolari. **Stipole** non visualizzate. **Picciolo** lungo 0,3-0,6 cm, senza ghiandole. **Foglie** semplici, alterne, lunghe 1,8-3,3 cm x 1-1,7 cm, ovali, carnose, membranose, margine crenato, apice da acuto a ottuso, base cuneata. **Peduncolo lungo** circa 0,4 cm di lunghezza. **Brattee** lunghe circa 0,5 cm, lineari-lanceolate, con margine intero. **Fiori** ascellari a simmetria radiale, pentameri ed eterostili. **Sepali** lunghi circa 1,4 cm e larghi 0,4 cm, gamosepaloidi, verdi con pigmenti gialli, lanceolati con margine liscio. **Petali** lunghi circa 1,5 cm x 0,6 cm, di colore da salmone ad arancio scuro e base gialla o con striature arancio scuro, margine intero. **Ovario** lungo circa 0,3 cm, ovoidale, gineceo tricarpellato.

Materiale esaminato: MARANHÃO: Caxias, Area di Protezione

Ambientale Buriti do Meio: Cerrado. 21.I.2013, fl., *Sampaio, N. A. &*

Conceição, G. M., 03 (HABIT).

Sinonimo: *Turnera duarteana* Cambess.

Nome comune: *piriqueta*.

Distribuzione geografica: Nord: Pará e Tocantins; **nord-est:**

Alagoas,

Bahia, Ceará, Maranhão, Pernambuco, Piauí, Rio Grande do Norte e

Sergipe;

Centro-ovest: Goiás e Mato Grosso; **sud-est:** Minas Gerais.

Dominio fitogeografico: Amazzonia, Caatinga, Cerrado e Foresta

pluviale atlantica.

Osservazioni: La *Piriqueta duarteana* ha un portamento erbaceo o

subarbustivo e si trova comunemente in ambienti aperti, ai bordi delle

strade e nei sentieri all'interno della vegetazione.

7.2- *Piriqueta guianensis* N.E.Br. Trans. Linn. Soc. London, Bot. 6: 30. 1901

Fig.7- *Piriqueta guianensis.* Foto: SAMPAIO, N. A.

Erba con rami tomentosi e fusto cilindrico, di colore peloso verdastro e con tricomi semplici. **Stipole** non visibili. **Picciolo** lungo 0,3-0,5 cm, senza ghiandole. **Foglie** semplici, alterne, lunghe 1-2 cm x 0,5-1,4 cm, ovate, di consistenza carnosa, membranacee, margine ondulato, apice acuto, base cuneata. **Peduncolo**. Lungo 0,8 cm. **Brattea**. Lunga 0,5 cm, lineare-lanceolata, con margine intero. **Fiori** ascellari a simmetria radiale, pentameri ed eterostili. **Sepali** lunghi circa 0,9 cm e larghi 0,3 cm, di colore verde, lineari con margine liscio. **Petali** lunghi circa 1,2 cm e larghi 0,5 cm, di colore rosa con base gialla. **Ovario** lungo circa 0,4 cm, ovoidale, gineceo tricarpellato.
Materiale esaminato: MARANHÃO: Caxias, Area di Protezione Ambientale Buriti do Meio: Cerrado. 13.III.2013, fl., *Sampaio, N. A. & Conceição, G. M., 08* (HABIT).
Nome comune: *piriqueta*.

Distribuzione geografica: Nord: Roraima; **Nord-Est:** Alagoas, Bahia, Ceará,

Paraíba, Pernambuco, Piauí, Rio Grande do Norte e Sergipe.

Dominio fitogeografico: Amazzonia, Caatinga, Cerrado e Foresta pluviale atlantica.

Commenti: La *Piriqueta guianensis* ha un portamento erbaceo e si trova comunemente in ambienti aperti.

7.3- *Turnera coerulea* DC. Prodr. 3: 346. 1828

Fig.8- *Turnera coerulea.* Foto: SAMPAIO, N. A.

Erba/sottobosco con fusto cilindrico, peloso, verdastro e tricomi semplici. **Stipole** ridotte a collette. **Picciolo** lungo 0,4 cm, con 2 ghiandole. **Foglie** alterne semplici, ellittiche, lunghe 12,2 cm x 0,4-0,5 cm, ovate, di consistenza carnosa, membranose, base cuneata, apice da acuto a ottuso, margine seghettato. **Peduncolo lungo** circa 0,4 cm. **Brattee** lunghe circa 0,4 cm, lineari, pelose con margine intero. **Fiori** ascellari a simmetria radiale, pentameri ed eterostili. **Sepali** lunghi circa 0,9 cm e larghi 0,3 cm, verdi con pigmentazione gialla, lineari con margine intero. **Petali** lunghi circa 0,5 cm x 0,3 cm, gamopetali, di colore giallo con base giallo scuro e margine intero. **Ovario** lungo circa 0,2 cm, ovoidale.

Materiale esaminato: MARANHÃO: Caxias, Area di Protezione Ambientale Buriti do Meio: Cerrado. 24.I.2013, fl., *Sampaio, N. A. & Conceição, G. M., 05* (HABIT).

Nome comune: chanana.

Distribuzione geografica: Nord: Amazonas, Amapá, Pará, Roraima e Tocantins; **Nord-est:** Bahia, Ceará, Maranhão, Pernambuco, Piauí e Sergipe; **Centro-Ovest:** Goiás, Mato Grosso do Sul e Mato Grosso.

Dominio fitogeografico: Amazzonia, Caatinga, Cerrado, Foresta pluviale atlantica e Pantanal.

Osservazioni: La *Turnera coerulae* ha un portamento erbaceo o sub-arbustivo e si trova comunemente ai bordi delle strade e sui sentieri, all'interno della vegetazione.

7.4- - *Turnera melochioides* Cambess. Fl. Bras. Merid. (4a ed.) 2(16): 219. 1829 [1830]

Fig.9- *Turnera melochioides*. Foto: SAMPAIO, N. A.

Erbe irsute con fusti cilindrici e ramificati, di colore peloso verdastro e con tricomi semplici, lisci o ondulati. **Stipole** poco appariscenti. **Picciolo** lungo 0,2-0,4 cm, con 2 ghiandole. **Foglie** semplici, alterne, elicoidali, ellittiche, lanceolate, lunghe 1-2,2 cm x 0,4-0,6 cm, di consistenza carnosa, cartacee, apice ottuso, base cuneata, margine dentato. **Peduncolo lungo** circa 0,2 cm di lunghezza. **Brattee** lunghe circa 0,3 cm, lineari, pelose con margine intero. **Fiori** ascellari a simmetria radiale, pentameri ed eterostili. **Sepali** lunghi circa 1 cm e larghi 0,4 cm, di colore verde, lineari con margine intero. **Petali** lunghi circa 0,6 cm x 0,4 cm, gamopetali, gialli alla base e a margine intero. **Ovario** lungo circa 0,4 cm, ovoidale, gineceo tricarpellato.
Materiale esaminato: MARANHÃO: Caxias, Área de Proteção Ambiental do Buriti do Meio: Cerrado. 22.I.2013, fl., *Sampaio, N. A. & Conceição, G. M., 07* (HABIT).
Nome comune: chanana, spennapatate.

Distribuzione geografica: Nord: Amazonas, Amapá, Pará, Rondônia e Tocantins; **Nord-est:** Alagoas, Bahia, Ceará, Maranhão, Paraíba, Pernambuco, Piauí, Rio Grande do Norte e Sergipe; **Centro-Ovest:** Goiás, Mato Grosso do Sul e Mato Grosso; **Sud-Est:** Minas Gerais.

Dominio fitogeografico: Amazzonia, Caatinga, Cerrado e Foresta pluviale atlantica. **Osservazioni:** *Turnera melochioides* ha un portamento erbaceo e si trova comunemente sui bordi delle strade e sui sentieri all'interno della vegetazione.

7.5- *Turnera pumilea* L. Syst. Nat. (ed. 10) 2: 965. 1759

Fig. 10 - *Turnera pumilea*. Foto: SAMPAIO, N. A.

Erba/sotto arbusto con fusto cilindrico e ramificato, di colore verdastro con pigmentazione marrone e tricomi semplici e ondulati. **Stipole** non visibili. **Picciolo** lungo 0,5-0,6 cm, con 2 ghiandole nel terzo inferiore. **Foglie** alterne semplici, lanceolate, lunghe 1,6-2,5 cm e larghe 0,4-1,5 cm, di consistenza carnosa, membranacee, da ovali a ellittiche, margine repanda (vicino alla base della foglia), seghettato, apice acuto, base attenuata e nervatura pennata. **Peduncolo lungo** circa 0,6 cm. **Brattee** lunghe circa 0,6 cm, lineari-lanceolate, pelose con margine intero. **Fiori** ascellari a simmetria radiale, pentameri e omostili. **Sepali** lunghi circa 0,6 cm e larghi 0,4 cm, di colore verde, gamosepali, lineari con margine liscio. **Petali** lunghi circa 0,9 cm x 0,5 cm, dialipetali, di colore bianco con base gialla e talvolta con striature viola chiaro e margine intero. **Ovario** lungo circa 0,2 cm, ovoidale e globoso.
Materiale esaminato: MARANHÃO: Caxias, Area di Protezione Ambientale Buriti do Meio: Cerrado. 13.XII.2012, fl., *Sampaio, N. A.*

& *Conceição, G. M., 01* (HABIT).
Nomi comuni: albina, chanana.

Distribuzione geografica: Nord: Pará, Roraima e Tocantins; **Nord-Est:** Bahia, Ceará, Maranhão, Paraíba, Pernambuco, Piauí, Rio Grande do Norte e Sergipe; **Centro-Ovest:** Goiás, Mato Grosso do Sul e Mato Grosso; **Sud-Est:** Minas Gerais e Rio de Janeiro.
Dominio fitogeografico: Amazzonia, Caatinga, Cerrado e Foresta pluviale atlantica.
Osservazioni: *La Turnera pumilae* ha un portamento erbaceo o sub-arbustivo e si trova comunemente in ambienti aperti, ai bordi delle strade e nei sentieri all'interno della vegetazione.

7.6- *Turnera scabra* Millsp.Publ. Field Columb. Mus., Bot. Ser. 2(1): 77. 1900

Fig.11- *Turnera scabra.* Foto: SAMPAIO, N. A.

Erba con rami tomentosi e fusto cilindrico, di colore verdastro e con tricomi semplici. **Stipole** ridotte a collette. **Picciolo lungo** circa 0,3 cm, con 2 ghiandole nel terzo inferiore. **Foglie** semplici, alterne, lunghe 1,6-2,5 cm x 0,4-1,5 cm, ovate, carnose, cartacee, margine seghettato, apice acuto, base attenuata. **Peduncolo lungo** circa 0,3 cm di lunghezza. **Brattee** lunghe circa 0,4 cm, lineari, pelose con margine intero. **Fiori** ascellari a simmetria radiale, pentameri ed eterostili. **Sepali** lunghi circa 08 cm e larghi 0,3 cm, verdi con pigmentazione gialla, lineari con margine intero. **Petali** lunghi circa 1,3 cm x 0,5 cm, di colore giallo e base giallo scuro, margine intero. **Ovario** lungo 0,3 cm, ovoidale.

Materiale esaminato: MARANHÃO: Caxias, Área de Proteção Ambiental do Buriti do Meio: Cerrado. 22.I.2013, fl., *Sampaio, N. A. & Conceição, G. M., 06* (HABIT).

Sinonimo: *Turnera ulmifolia* var. *intermedia* Urb.

Nome comune: chanana.

Distribuzione geografica: Nord: Acre, Amazonas, Amapá, Pará e Roraima; **Nord-est:** Alagoas, Bahia, Ceará, Maranhão, Pernambuco, Piauí e Rio Grande do Norte; **sud-est:** Espírito Santo.

Dominio fitogeografico: Amazzonia, Caatinga e foresta pluviale atlantica.

Commenti: *La Turnera scabra* ha un portamento erbaceo e si trova comunemente in ambienti aperti.

7.7- *Turnera subulata* Sm.The Cyclopaedia; or, universial dictionary of arts, 36: n. 2. 1817.

Fig.12- *Turnera subulata*. Foto: SAMPAIO, N. A.

Erba/sotto arbusto eretto/decombente con fusto cilindrico e legnoso, di colore verdastro e con tricomi da strigosi a pubescenti,

lisci o ondulati. **Stipole** ridotte a collette. **Picciolo** lungo 0,6-1,9 cm, con 2 ghiandole nel terzo inferiore. **Foglie** semplici, obovate, ellittiche, alterne elicoidali, lunghe 1,7-6,8 cm x 0,7-3,5 cm, di consistenza carnosa, membranacee, margine repanda (vicino alla base della foglia), serrato-crenato, apice da acuto a ottuso, base attenuata e nervatura peninervia. **Peduncolo lungo** ca. 0,6 cm. **Brattee** lunghe circa 0,7 cm, lineari-lanceolate, con margine intero. **Fiori** ascellari a simmetria radiale, pentameri ed eterostili. **Sepali** lunghi circa 1,2 cm e larghi 0,4 cm, verdi con pigmentazione gialla, lineari con margine intero. **Petali** lunghi circa 1,2 cm x 0,6 cm, di colore giallo/bianco con base nero-bluastra e margine intero. **Ovario** lungo circa 0,3 cm, ovoidale, gineceo unicarpellato.
Materiale esaminato: MARANHÃO: Caxias, Area di Protezione Ambientale Buriti do Meio: Cerrado. 24.I.2013, fl., *Sampaio, N. A. & Conceição, G. M., 04* (HABIT).

Sinonimo: *Turnera ulmifolia* var. *elegans* (Otto) Urb.
Nomi comuni: chanana, passiflora.

Distribuzione geografica: Nord: Amazonas, Amapá, Pará, Rondônia e Tocantins; **Nord-est:** Alagoas, Bahia, Ceará, Maranhão,

Paraíba, Pernambuco, Piauí, Rio Grande do Norte e Sergipe;

Centro-Ovest: Distrito Federal, Goiás, Mato Grosso do Sul e Mato Grosso; **Sud-Est:** Espírito Santo, Minas Gerais, Rio de Janeiro e São

Paulo.

Dominio fitogeografico: Amazzonia, Caatinga, Cerrado e Foresta pluviale atlantica.

Osservazioni: *La Turnera subulata* ha un portamento erbaceo o

subarbustivo e si trova comunemente in ambienti aperti, lungo i bordi

delle strade e i sentieri all'interno della vegetazione.

8. CONCLUSIONE

Questo studio fornisce i primi dati sulla famiglia delle Turneraceae per l'Area di Protezione Ambientale di Buriti do Meio, ed è quindi il primo record di specie per l'area. Tuttavia, i dati ottenuti non totalizzano il numero di specie esistenti per l'Area di Protezione Ambientale di Buriti do Meio, che è di estrema importanza per conoscere la flora locale, aggiungendo nuovi record della famiglia per il Maranhão.

Data la grande importanza degli studi sulla famiglia delle Turneraceae, si può notare che ci sono ancora pochi studi sul Maranhão, un fatto che può essere confermato dal nuovo record della specie *Piriqueta guianensis* per lo stato. In questo modo, la ricerca ha dato un contributo significativo all'inventario dei primi record di Turneraceae per l'APA Buriti do Meio e, di conseguenza, all'ampliamento delle conoscenze tassonomiche e floristiche della famiglia per lo stato del Maranhão.

SOMMARIO

La famiglia delle Turneraceae Kunth ex DC. comprende erbe o arbusti con foglie alterne, generalmente picciolate e con nettari extrafloreali marginali, fiori omostili o eterostili, con o senza corona. La famiglia conta circa 12 generi e 226 specie, distribuite in tutte le regioni tropicali e subtropicali del mondo, con l'America e l'Africa come centro di diversità. Lo scopo di questo studio è stato quello di effettuare uno studio tassonomico delle specie della famiglia delle Turneraceae presenti nell'Area di Protezione Ambientale di Buriti do Meio, nel comune di Caxias/MA. L'APA Buriti do Meio si trova tra le coordinate geografiche -04° 54' 48.1" di latitudine sud e -043° 06' 49.2" di longitudine ovest, con una vegetazione tipica del cerrado. Gli esemplari sono stati raccolti nell'area di studio e fotografati. Dopo l'erborizzazione e l'identificazione del materiale botanico, gli exsiccates sono stati aggiunti alla collezione dell'Herbarium Aluízio Bittencourt del CESC/UEMA. La ricerca ha presentato due generi (*Piriqueta* e *Turnera*), distribuiti in sette specie: *Piriqueta duarteana, P. guianensis, Turnera coerulea, T. melochioides, T. pumilea, T. scabra* e *T. subulata*. Le specie di Turneraceae inventariate nell'Area di Protezione Ambientale di Buriti do Meio costituiscono le prime registrazioni della famiglia nell'area di studio e sono di fondamentale importanza per la comprensione della flora locale e per la registrazione di una nuova presenza nel Maranhão: *Piriqueta guianensis*.

Parole chiave: Diversità vegetale; *Piriqueta*; *Turnera*

RIFERIMENTI

ANTÔNIO, M. A. Azioni farmacologiche generali della *Turnera ulmifolia* L. sulla risposta infiammatoria. **Tesi di laurea specialistica.** 1996. Università statale di Campinas, San Paolo. 1996.

ANTÔNIO, M. A. & SOUZA, A. R. M. Attività antinfiammatorie e antiulcerogene orali di un estratto idroalcolico e di frazioni di *Turnera ulmifolia* (Turneraceae). **J. Ethnopharmacol,** v.61, p. 215-228, 1998.

APG III. Aggiornamento della classificazione dell'Angiosperm Phylogeny Group per gli ordini e le famiglie delle piante da fiore: APG. **Botanical Journal of the Linnean Society**. v. 161, p. 105-121, 2009.

ARBO, M. M. **Turneraceae Parte I.** *Piriqueta.*Flora Neotropical, v. 67, p. 124128, 1995.

ARBO, M. M. **Studi sistematici sulla** *Turnera* **(Turneraceae). I** Serie *Salicifoliae e Stenodictyae*. Bonplandia, v. 9, p. 151-208, 1997.

ARBO, M. M. **Studi sistematici sulla** *Turnera* **(Turneraceae). II** Serie *Annulares, Capitatae, Microphyllae y Papiliferae. Bonplandia*, v.10, p. 1-82, 2000.

ARBO, M. M. **Studi sistematici sulla** *Turnera* **(Turneraceae). III** Serie *AnomalaeyTurnera. Bonplandia*, v. 14, p. 115-318, 2005.

ARBO, M. M. **Studi sistematici sulla** *Turnera* **(Turneraceae). IV.**

Serie *Leiocarpae, Conciliatae* e *Sessilifoliae* Bonplandia, v.17, n. 2, p. 107-334, 2008.

ARBO, M. M. *Turneraceae* in **Lista de Espécies da Flora do Brasil**. Giardino Botanico di Rio de Janeiro. 2014. Disponibile all'indirizzo: <http://floradobrasil.jbrj.gov.br/jabot/floradobrasil/FB240>. Consultato il 28 febbraio 2017.

ARBO, M.M.; MAZZA, S.M. **Il principale centro di diversità per le Turneracee neotropicali** .Systematics and Biodiversity, v. 9, p. 203-210, 2011.

BARBOSA, D. J.; SILVA, K. N. & AGRA, M. F. Studio farmacobotanico comparativo delle foglie di *Turnera chamaedrifolia* Cambess. e *Turnera subulata* Sm. (Turneraceae). **Revista Brasileira de farmacognosia.** v. 17, n. 3, p. 396-413, 2007.

BATISTA, R. W. Effetti antiossidanti (*in vitro* e *in vivo*) di specie ricche di flavonoidi appartenenti al genere *Turnera*, famiglia Turneraceae. **Tesi di laurea specialistica.** 2005. Università statale di Campinas, Campinas, São Paulo. 2005.

BRASILE. **Ministero delle Città**.   2006.   Disponibile a: <http://www.cidades.gov.br/imagens/stories/arquivosSNPURedeAva liação/C axiasanexo02MA.pdf> Consultato il 10 gennaio 2014.

BRASILE. **Curso de Identificação Botânica de Espécies Arbóreas**

da Região Amazônica. Brasília: Editora Rima. 2009.

BRITO FILHO, S. G. Feofitine e steroidi glicolici di *Turnera subulata* Sm. (Turneraceae). **Tesi di laurea magistrale.** 2011. Università Federale del Paraíba. João Pessoa, Paraíba. 2011.

CAMARGO, E. E. S.; VILEGAS, W. **Controllo di qualità degli estratti polari di *Turnera difusa* Willd. Ex Schult., Turneraceae.** Revista Brasileira de Farmacognosia: v. 20, n. 2, p. 228-232, 2008.

CONCEIÇÃO, G. M.; RUGGIERI, A. C.; SILVA, E. O.; NUNES, C. S.; GALZERANO, L.; NERES, L. P. **Flora fanerogamica dell'Area Comunale di Protezione Ambientale di Inhamum, Caxias/MA, Brasile.** *In:* Biodiversità nell'Area di Protezione Ambientale di Inhamum. São Luís: UEMA. 2012.

CRONQUIST, A.**An integrated system of classification of flowering plants.**The New York Botanical Garden, Columbia University Press, New York.1262p. 1981.

CRONQUIST, A. **L'evoluzione e la classificazione delle piante da fiore.** 2ª ed. New York: The New York Botanical Garden, 555p. 1988.

HARLOW, W. M.; HARRAR, E. S.; HARDIN, J. W.; WHITE, F. M. **Testbook of dendrology: Copre gli alberi forestali più importanti degli Stati Uniti e del Canada.**Singapov: McGraw-Hill, Inc. 7a ed., 501p. 1991.

KAMPF, A. N.; COSTA, G. J. C. **Produzione commerciale di piante ornamentali.** Guaíba: Agropecuária, 2000.

LISTA DI SPECIE DELLA FLORA BRASILIANA. **Giardino botanico di Rio de Janeiro.** Disponibile all'indirizzo: <http://floradobrasil.jbrj.gov.br/>. 2017.

MARX, R. B. **Arte e paesaggio: lezioni scelte.** José Tabacow, organizzazione e commento. 2a ed. San Paolo: Studio Nobel, 2004.

MENDONÇA, R. C., FELFILI, J. M.; WATER, B. M. T., SILVA JÚNIOR, M. C., REZENDE, A. V., FILGUEIRAS, T. S. & NOGUEIRA, P. E. & FAGG, C. W. **Vascular flora of the Cerrado.** *In:* Sano, S. M. & Almeida, S. P. Cerrado: Ambiente e flora. Planaltina: EMBRAPA-CPAC. p. 307-556. 2007.

NASCIMENTO, J. M. & CONCEIÇÃO, G. M. Plantas Medicinais e Indicações Terapêuticas da Comunidade Quilombola Olho D'água do Raposo, Caxias, Maranhão, Brasile. **Journal of Biology and Pharmacy**, v. 6, n. 2, 2011.

ORGANIZZAZIONE NAZIONALE PER GLI STANDARD INFORMATIVI (2005). ANSI/NISOZ39.19-2003: linee guida per la costruzione, il formato e la gestione di tesine monolingui. 2005. Disponibile all'indirizzo: <http://www.niso.org/standards/resources/Z39-19-2005.pdf#search=%22z39. 19%22. Consultato il 28 febbraio 2017.

NEFFA, V. G. S. & FERNÁNDEZ, A. **Studi cromosomici in *Turnera* (Turneraceae).** Genetics and Molecular Biology.v. 23, n. 4, p.925-930, 2000.

ROCHA, L. N. G.; MELO, J. I. M. & CAMACHO, R. G. V. Flora del Rio Grande do Norte, Brasile: Turneraceae Kunth ex DC. **Revista Rodriguésia,** v. 63, n. 4, 2012.

SAMPAIO, G. **Botanica** (cap. 3). 2006. Disponibile a:
<http://www.fc.up.pt/pessoas/jpcabral/index_felex/GS_brocheera.pdf>
Consultato il 28 febbraio 2017.

SILVA, P. H. S.; BEZERRA, T. T.; SANTOS, S. R. R.; ALMEIDA, N. M.;
SIQUEIRAFILHO, J. A. Flusso pollinico e isopletia in *Piriqueta duarteana* Var.

Ulei (Turneraceae) una specie distilica. 64° Congresso Botanico Nazionale di Belo Horizonte (10-15 novembre 2013), 2013.

SILVA, .F.N. Mappa idrografica e localizzazione dell'area di studio, punti di raccolta, Buriti do Meio, Caxias/MA. Google Earth Pro. ArcGis 9.3. Consultato il 22/01/2016. Werton Francisco Nobre Silva. 2016.

STEVENS, P. F. Sito web sulla filogenesi delle angiosperme. http://www.mobot.org./MOBOT/research/Apweb/. 2001. Consultato il 10 febbraio 2017.

SUBRAHMANYAM, N. S. **Tassonomia vegetale moderna.** Nuova Delhi: Vikas Publishing House PVT Ltd. 494p. 1995.

THULIN, M.; RAZAFIMANDIMBISON, S. G.; CHAFE, P.; HEIDARI, N. KOOL, A. & SHORE, J. S. **Phylogeny of the Turneraceae clade (Passifloraceaes.***l.***): Disgiunzioni transatlantiche e due nuovi generi in Africa.** Taxon, v. 61, pagg. 308-323, 2012.

URBAN, I. **Monografia della famiglia Turneraceen.** Vol. 2. Jahrb. Konigl. Bol. Gart. Berlino, p. 1-152, 1883.

WEBERLING, F.; SCHWANTES, H. **Taxonomia Vegetal.** São Paulo: ed. Pedagógica e Universitária. 314p. 1986.

ZAMBERLAN, P. M. **Phylogeny of *Passiflora* L. (Passifloraceae): infra-subgeneric questions.** Tesi di master. 2007. UFRGS. Porto Alegre. 2007.

Indice dei contenuti

More
Books!

Printed by Books on Demand GmbH, Norderstedt / Germany